目次

關於封面

製造鞋子的「nakamura」工房裡
擁擠地排列著許多沒見過的機器，
其中，有個非常具有存在感的紅色工具，
就是這期封面的模特兒。
《日々》很少用這個顏色，
但紅色是可以顯出精神的顏色。
這也稍微包含了為沒有精神的日本整體
加油打氣的意義。

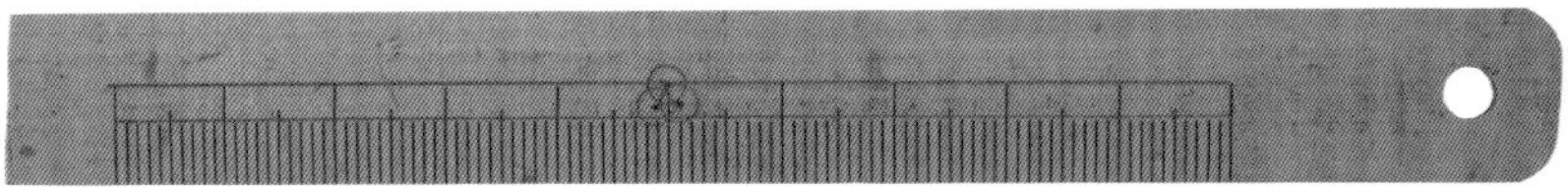

特集

10cm的世界

3月11日，是發生東日本大震災的日子。
那一天，在松本市三谷龍二的店舖裡，
正好是「10cm」展的開幕。
大震災、10cm，
之後的一週，
我們一邊看電視上播報著未曾見過的災害景象，
一直念著這個字。
在歷史上的大災害面前，
像《日々》這樣微不足道的雜誌，
能夠做些什麼？
該做些什麼才好？
還沒有找到答案，而時間就這麼過去了。
1cm可以做的事或許很少，
但10cm的可能性應該會比較多一點吧？
於是我們在10cm的木、布、紙、鐵絲上，
找到能夠做到的事。

畫廊「10cm」
開幕日是命中注定之日

——畫廊「10cm」
這次在松本市內的
一家小店裡
有了一個展示的空間。
畫廊在這個前身是香菸舖的建築物裡
名為「10cm」。
因為剛好在手邊有這個
寫著10cm的模板用金屬板，
就用它來命名了。——

這是三谷龍二給我的
店舖說明卡上所寫的
介紹文字。
3月11日，宛如命中注定的日子，
畫廊「10cm」
開幕了。

文—高橋良枝　攝影—三谷龍二　翻譯—王筱玲

10cm除了舉行個展與特別的企畫展之外，會展示三谷龍二的作品。

「很早之前我就很中意這棟建築，只是因為裡面堆了很多東西，屋主沒有打算出租，一直拒絕我。」

但突然在去年春天，屋主的態度變成要租也是可以。因為三谷龍二想讓這棟建築物留存下來，加上如果可以有個擺放自己作品的小空間也不錯，於是就租下作為店鋪。

聽了計程車司機說明我才知道，原來這個位於松本城旁邊、地名是大手的地方，其實好像是俗稱為「六九通」的老街。在「10㎝」前面是一棟建於昭和初期的氣派建築，和「10㎝」一樣是屬於商號為「山屋」的糖果店。

「那是房東弟弟的店。」

迷戀這條路的三谷龍二，似乎曾經有過藉著開這家店，若能讓更多人來到這裡的話，應該會對這裡有所幫助的想法。

在將舊香菸鋪改建為畫廊的當時，就決定無論如何面對街道的外觀要原封不動保留下來。正中間用紅色做出上山下喜字樣的商號招牌「YAMAYA

成為店名靈感的模板。
使用過的金屬板散發出迷人的氣氛。

透過廢校的小學校舍窗戶，和煦的光線照進室內。

山屋」，全部都是用小小的瓷磚貼出來的。是昭和時代摩登建築的象徵。

與木工一邊聊，花了七個月改造好的店鋪，是一個相當符合「10㎝」這個名字的空間，到處可以感受到三谷龍二的講究之處。

面向停車場的窗戶玻璃，是住在伊那的陶藝家島琉璃子轉讓的廢棄小學校舍窗戶。和煦的日光穿透老舊玻璃的斜面，塑造出畫廊裡祥和的陰影處。

廁所的窗框是之前就有的昭和時代纖細木作，直接就做出的松葉模樣。

「能做出這種細緻木作的職人已經漸漸消失了，不好好保存怎麼行。」

開幕企劃展就用店名取為「10㎝展」。展示中村好文、內田鋼一、辻和美、村上躍、關昌生、岡田直人、木下寶、竹俣勇壹與三谷龍二以10㎝為主題所做的器物與立體作品。

然後，在那天的下午2點46分，發生了撼動日本的大地震。結果，包含我在內，前往參觀這次展覽的人，因為回程的列車與巴士都停駛了，我們在松本住了一晚。

從停車場看畫廊。在春天光線照射下的窗邊，種著唐棣樹。

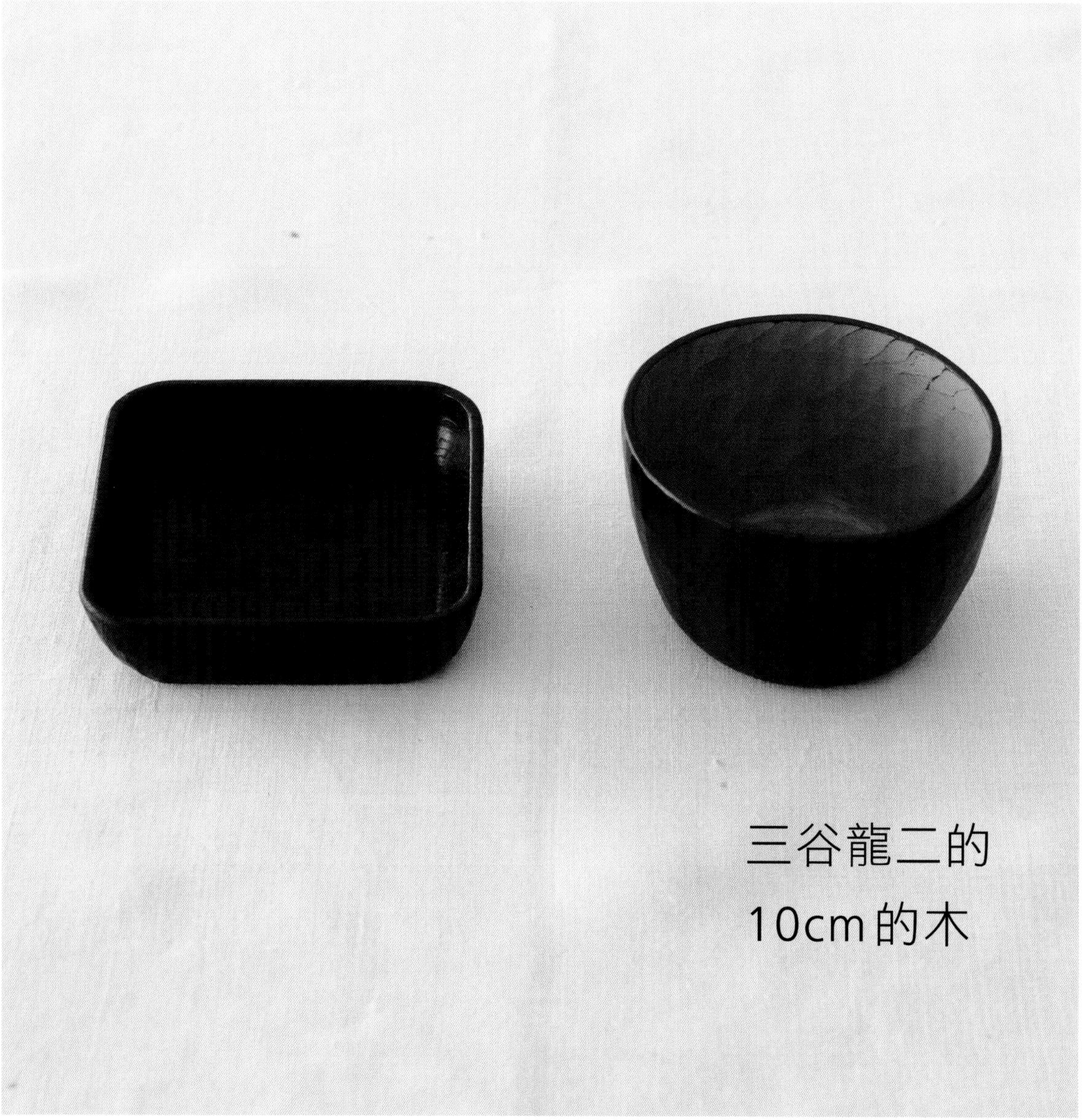

三谷龍二的
10cm的木

我想出來的是用10㎝的角材來做東西。
儘管直徑一樣也是10㎝，
只要使用的材料夠厚、夠深，
即使像右邊的器皿。容量也會大幅增加。
放進大量的燉煮鹿尾菜等，
會讓人很開心吧！
就算是裝熱湯，
或是咖啡歐蕾也都沒問題。
10㎝裡面
也可以聚集成一個豐富的世界。
左邊是正方形的方形盤。

左邊的薄形平盤
是很久以前做的。
從製作時所產生的廢材裡，
有那種好像可以做出什麼的較大尺寸廢材，
因為覺得丟掉很可惜，
便收集了一些，做出這個「100盤子」。
放辛香料或是下酒用的小菜，
小盤子也有適合小盤子上場的時候。
想要表現出山珍海味的珍貴時，
也可以用小盤子來裝。
右邊是用10㎝尺寸做出來的波紋盤。

中村好文的 10cm的空

當我收到三谷龍二的開幕展
設定為「10㎝」這個主題時，
我覺得「啊！這是一種公案吧！」
所謂的公案，是禪師向弟子提問的問題，
所以要給予適當地回答。
因此，我用坐禪的感覺思考出的結果是
「空」這個答案。
長、寬、深都是10㎝的「空」，
我想這對公案來說應該是剛剛好的答案。
也許陶藝和玻璃創作者們
應該是會做出10㎝的器皿或物件來展示，
所以也可以說空空如也的10㎝，
有輕而易舉的感覺而似乎很有趣吧……。

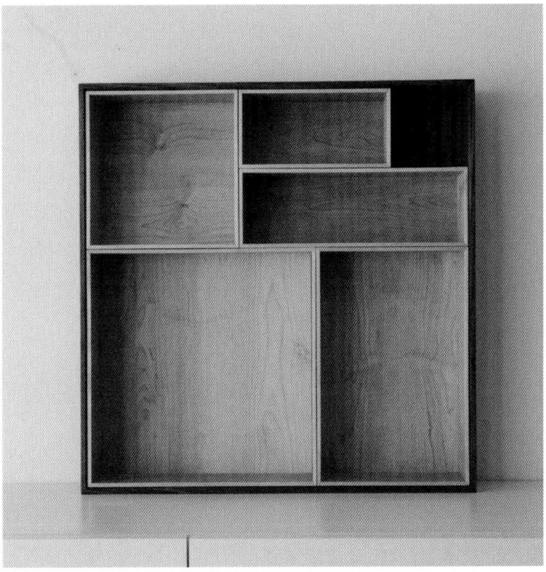

邊長52㎝的黑胡桃木製成的
正方形箱子裡，
放入5個用楓木做出不同尺寸的正方形與長方形箱子，
可以自由組合。
然後，不管怎麼組合，
都會出現10㎝的「空」，這就是創意所在。
在「空」的背後，
一眼瞥過黑胡桃木的外箱，
是發現創意的祕訣。
我把這個櫃子貼在牆邊，
開心地裝飾
古董小玩意兒、
在旅行的海邊撿到的小石子、玩具等。

伊藤正子的10cm的布

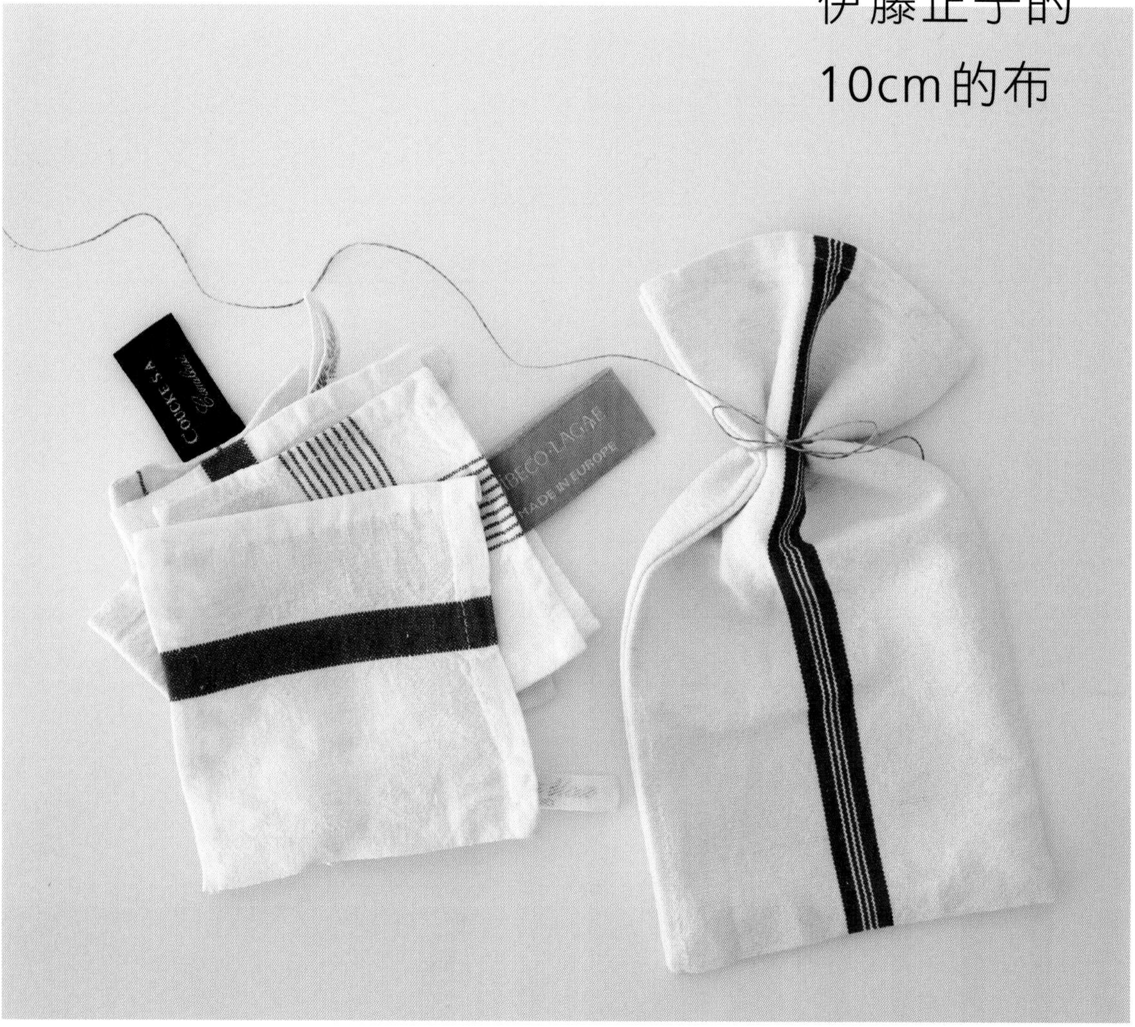

當抹布變舊了之後，
我會把它裁成適當的大小，
摺好放入瓶子裡，
把它用來擦拭細微之處。
雖然決定以「這次整理的是無染布」
或者「以藍為主」等所使用的抹布為主題，
但這次選了「紅色」。

於是完成了帶有紅條紋的可愛杯墊。
不用到髒污的部分，
把裁掉的部分一針針手縫起來。
尺寸就是「幾乎10㎝」。
用袋子將5塊杯墊一組裝起來。
雖然會看到杯墊的內面與標籤的部分，
但我覺得還滿可愛的，
反而特別留下了那部分。

我利用沾上汙垢的手帕
上面的邊緣花紋
做成了「裝小東西的袋子」。
我覺得
放進小孩掉下來的乳牙、
小的裝飾品等都不錯，
雖然我一直將邊緣花紋的部分
改造成小袋子，
但如果偶而拿來當作禮物袋使用，
應該也不錯吧。

胸前部分沾到紅酒
不知道該怎麼辦才好的襯衫……
就把剩下乾淨的部分拿來做成
「放重要物品的袋子」。
把布裁成10㎝大小拼接起來，另外加上裡布。
我覺得這個放進珍珠項鍊好像很不錯。
這麼做的話，就會變成
什麼都捨不得丟掉而留下來的好習慣。
因為以前從京都買賣古布的店家那裡聽過：
「過去有3顆紅豆的說法，
意思是連只能包3顆紅豆大小的布都留下來不丟掉。」
漸漸地變成不管多小的布都留著。
即使是小塊的碎布，只要拼起來就會變成一大塊。
我想這就是布這種素材的有趣之處。

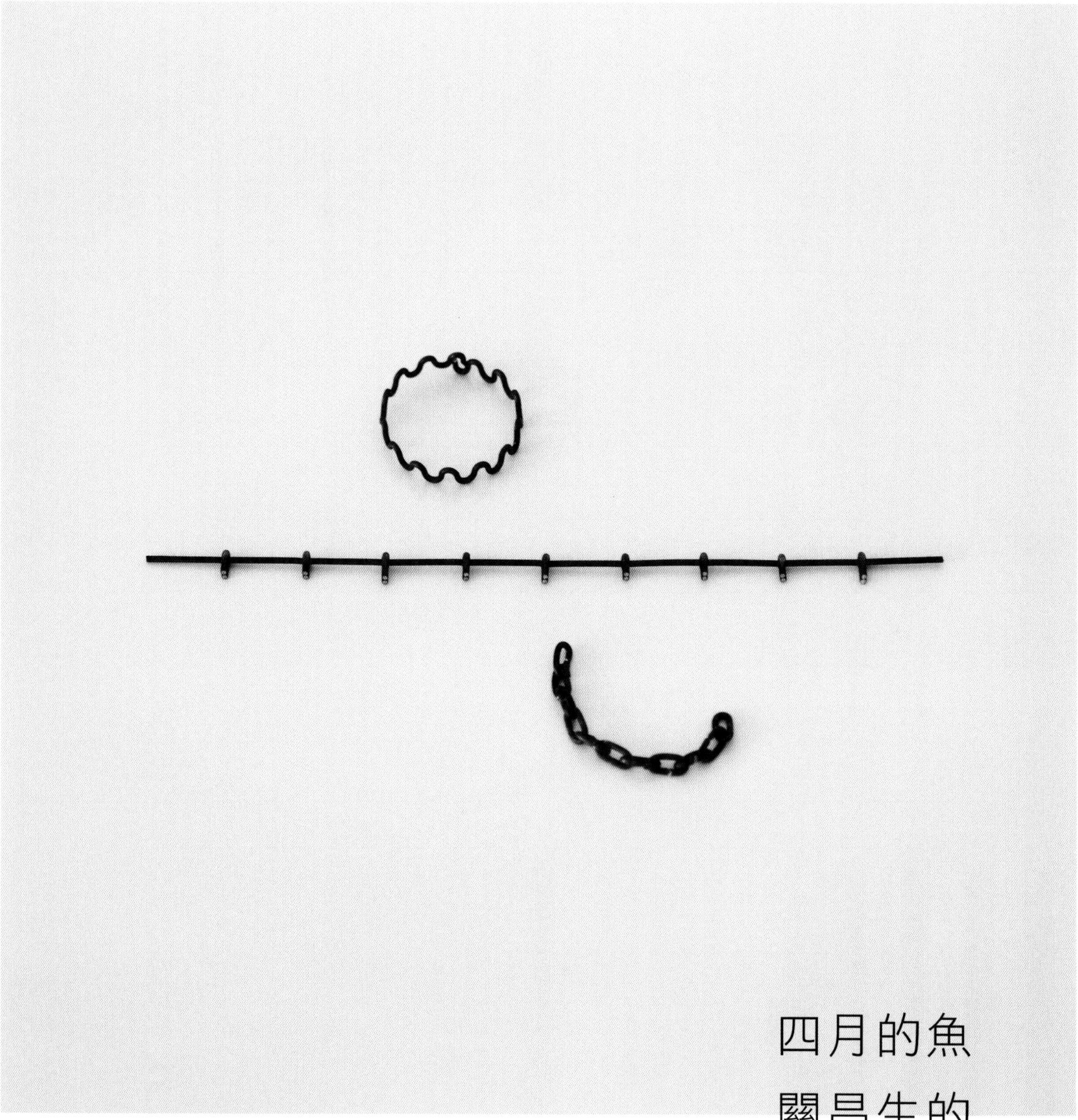

四月的魚
闕昌生的
10cm的鐵絲

雖然是因緣際會才開始了
鐵絲的製作，
但至今偶而我還是完全搞不清楚
做出來的東西是好還是不好。
但是我仍繼續的原因
是因為鐵絲的製作
在做的時候有各種的限制，
反而讓我覺得很有趣，
而產生不妨繼續做做看的感覺。

上　戒指
中　10cm
下　1cm×10cm的鎖

10㎝可以做出來的東西，
雖然是僅僅10㎝，
卻會讓人產生原來如此，
10㎝，也能做出什麼的感覺。
使用的鐵絲是被稱為結束線（紮鋼筋線）的東西。
材料是鐵，黑色是它的原色。
粗約1㎜，
是建築的時候用來綑綁鋼筋時的金屬零件，
不管哪一家居家修繕中心都有在賣。
右起　輕輕搖擺
音符（名片夾）
蠟燭台

drop around的 10cm的紙

10cm的紙

用的是身邊隨手可得的普通紙張，
是筆記本的紙、記事本裡的一張紙，
是雜誌的內頁、包裝紙、信封的一部分，
是小孩子的手繪明信片等。
如果用的是包裝紙或是廣告紙，
在裁成正方形時，
會隨著裁切的位置出現有趣的圖案。

在東日本大震災之前，
不管再怎麼微不足道的事物，
感覺好像看到很多
變成了重要的回憶或是成為回憶的片段。
於是我用各種紙張
做成了可以放進重要小東西的小盒子。
也可以放入小朵的乾燥花或戒指。
如果加上蓋子就可以保存，
我覺得這樣直接放在櫃子上裝飾也不錯。

用各種紙張做成的小盒子。
灰色強韌的盒子
是從柔軟的紙箱裁下來的，
但卻出現了有趣的質感。
沒有加上蓋子的時候，如果用稍微硬一點的紙來做，
不管是擺著、或是隨身攜帶，
都有著不易破損的耐久性。
放進重要的東西，
像帶著護身符一樣放進口袋裡隨身攜帶的形狀、
尺寸也都是精心設計過的。

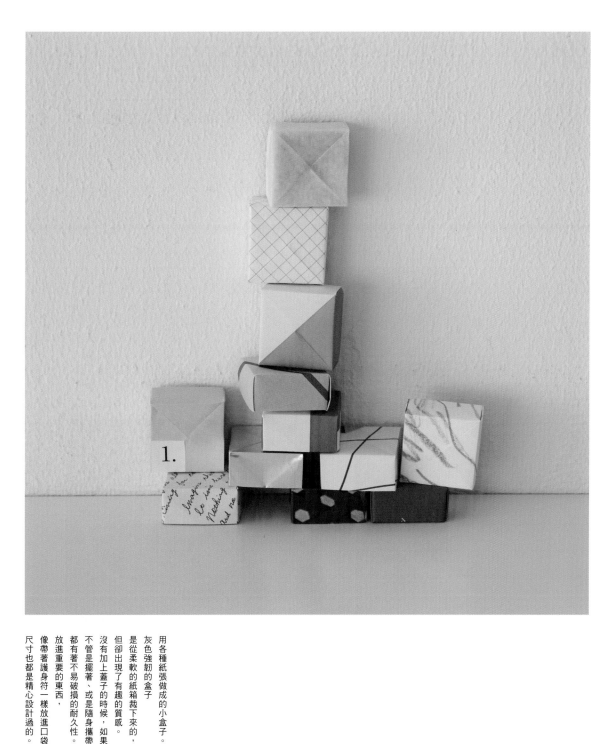

用10cm的
器皿來盛裝

用大的器皿盛裝大量食物，再各自分取，或是在每個人的盤子裡盛裝菜餚來吃。小的器皿可以選擇自己喜歡的菜餚一點一點裝。手拿的器皿是全職的，沒有假日，每天每天都會用到。我就是喜歡那樣的餐桌。

10cm的器皿小歸小，卻意外地可以裝不少。仔細地在裡面擺盤也很好，堆得高高的也很可愛。一個人吃飯的時候，或是和女兒簡單地用餐時，10cm的餐具可是經常派上用場。

料理．文—飛田和緒　攝影—廣瀨貴子
翻譯—王筱玲

浸漬的小蕃茄

作者不明的花朵圖樣小碗

小番茄用熱水燙2～3秒後，剝掉外皮。在高湯裡加入鹽醬油與薄口醬油，調成濃郁的味道，放入小番茄浸泡一晚。

枝豆

坂野友紀做的金屬小缽

摘掉毛豆兩端，用鹽抓過後，在大量的熱水中加鹽，依照喜好的程度煮軟毛豆。

被要求用「10cm的器皿」設計料理，當我把器皿都聚集在一起之後，沒想到數量還真多。照片是其中一部分。

糖煮白腎豆

越南（應該是河內缽場窯（Bát Tràng））的小盤

將泡水一個晚上的白腎豆放入鍋內，加水蓋過豆子，煮沸後將渣汁濾除，再加入大量的水煮到軟為止。煮到用手指一捏就碎的程度時，加入砂糖小火熬煮，冷卻之後就會入味了。

微糖燉南瓜

市中佑佳做的漆碗

將南瓜切成一口大小，並切出斜角，加入滿滿的水熬煮。加入少許砂糖與鹽調味，煮到軟之後，關火讓它冷卻。

醬油醃蛋

井山三希子做的正方形小盤

將雞蛋、鵪鶉蛋煮熟後剝殼，浸泡在沾麵醬油、醋醬油等醬料中。

蒸馬鈴薯佐鯷魚

新馬鈴薯帶皮蒸熟，切成容易入口的大小，上面放上鯷魚，撒上胡椒即可。

豬肉抹醬

井山三希子做的小缽

豬肉塊切成一口大小，與洋蔥、大蒜、紅蔥等香氣較重的菜、胡椒粒、月桂、白酒一起浸泡一晚。連滷汁一起移到鍋裡，將肉煮到軟爛。煮好之後，把月桂取出，把豬肉絞碎。加入鹽調味後，裝入保存容器內放到冰箱冷藏一個晚上。

橄欖油炒烏賊

作者不明的方形盤

快速沖洗烏賊後，留著墨汁與鬚，淋上橄欖油後煎一下，撒上一點醬油。這種長得像是剛冒出麥穗的魷魚被稱為麥烏賊，很嫩，所以非常好吃。

花生小魚

伊藤環做的附蓋碗

翻炒丁香魚與奶油花生，小心不要炒焦，然後暫時關火取出。煮味醂，加上砂糖與醬油，煮成略帶濃稠的甜辣醬汁。加入炒好的丁香魚和奶油花生，將全體攪拌均勻。

Original Shoes「nakamura」的工房和店鋪

西荻窪的「魯山」寄來了有關布物和皮革2場展覽的宣傳明信片，
明信片上的照片是一雙看起來好穿又好走的懶人鞋。
這是我與中村夫婦手工鞋的相遇。
因為想看看這鞋子是怎麼製作的，
我造訪了位於小小商店街一隅的工作室。

文—高橋良枝　攝影—日置武晴　翻譯—李韻柔

漆成紅褐色的門，右側為工房，左手是二樓店鋪的入口。

中村隆司和中村民夫婦的「Original Shoes and Sandals nakamura」，直到去年，都是在谷中的舊大樓二樓。但在去年秋天已經歇業，並於今年春天的三月，女兒節當日，重新在足立區江北這個舍人線（譯註：日暮里舍人線是連接荒川區日暮里站和足立區見沼代親水公園站的案內軌道式鐵路。）經過的小鎮開設了店鋪和鞋子工房。

新店鋪位於舍人線江北站走路二分鐘即可到達的地方，就像二台巴士終於可以擦身而過一般，靜悄悄的待在古老商店街的角落。壽司店和小飯館，對面有著懷舊的豆腐店，就是這麼一個平凡的小鎮。這個由「魯山」的大嶌先生給予建議的空間，讓戶外光線溫柔的灑落。

從一樓往上看的店鋪。

中村隆司和民女士夫婦，女兒實日子今年春天就要進入幼稚園了。

「nakamura」的Original Shoes製作概念是好穿、堅固、簡單，認為「鞋子不該太搶眼」的二人，讓店內的鞋款多是基本款的設計。

中村隆司夫婦是淺草某製鞋職業訓練學校的同學，兩人也是在那裡相遇的。

「我在老牌登山鞋專賣店的那五年，一直做著給鞋子裝底的工作，但因為也想學習鞋底以上的製作，於是進入訓練學校。」中村隆司說。

一旁的民女士也說，「我在金澤的美術大學學習染色，但因為要靠染色來過生活我覺得是有困難的，於是進入了鞋子的批發商工作，開始設計鞋子。」

二人後來結婚，一邊做著修鞋的工作，一邊製作、販賣原創設計的鞋子，累積經驗。

現在加入了中村隆司的姪女由紀子以及二名員工，是五個人一個月可以製作一百雙鞋子的家庭手工業。人氣商品皮革涼鞋也可以生產二百至三百雙，另一方面，一個月也還能修訂五十至六十雙的aurora shoes手工鞋。

看向中村隆司的腳邊，就能看見穿了很久的「nakamura」原創木鞋（sabot）。

店鋪在二樓，一樓是鞋子工房，但在這個稱不上寬敞的空間裡裝置了好幾台機器和縫紉機，連要和人錯身都不太方便的感覺。

像極了泰迪熊的中村隆司把鞋子放在腿上，縮著大大的身體，使用被稱為「鱷魚」（可當鎚子也可當鉗子的修鞋工具）的工具來延展皮革或是敲敲打打。

挑選鞋子會在店裡進行，試穿樣品後會再調整為適合穿的人腳型的訂製生產鞋，因為十分合腳，走起來輕鬆。

陽光溫柔的照亮著每雙鞋子。

擺放特製鞋的店舖

攝影師日置買了兩雙木鞋。
這裡擺放著許多好穿、好走的鞋子，而在鞋款設計上目前有12款，涼鞋則是3款。皮包有12款，主要使用牛皮製作，也有馬皮或小牛皮。

店舖深處的房間為商品保管倉庫，有著各種尺寸和設計的鞋子。

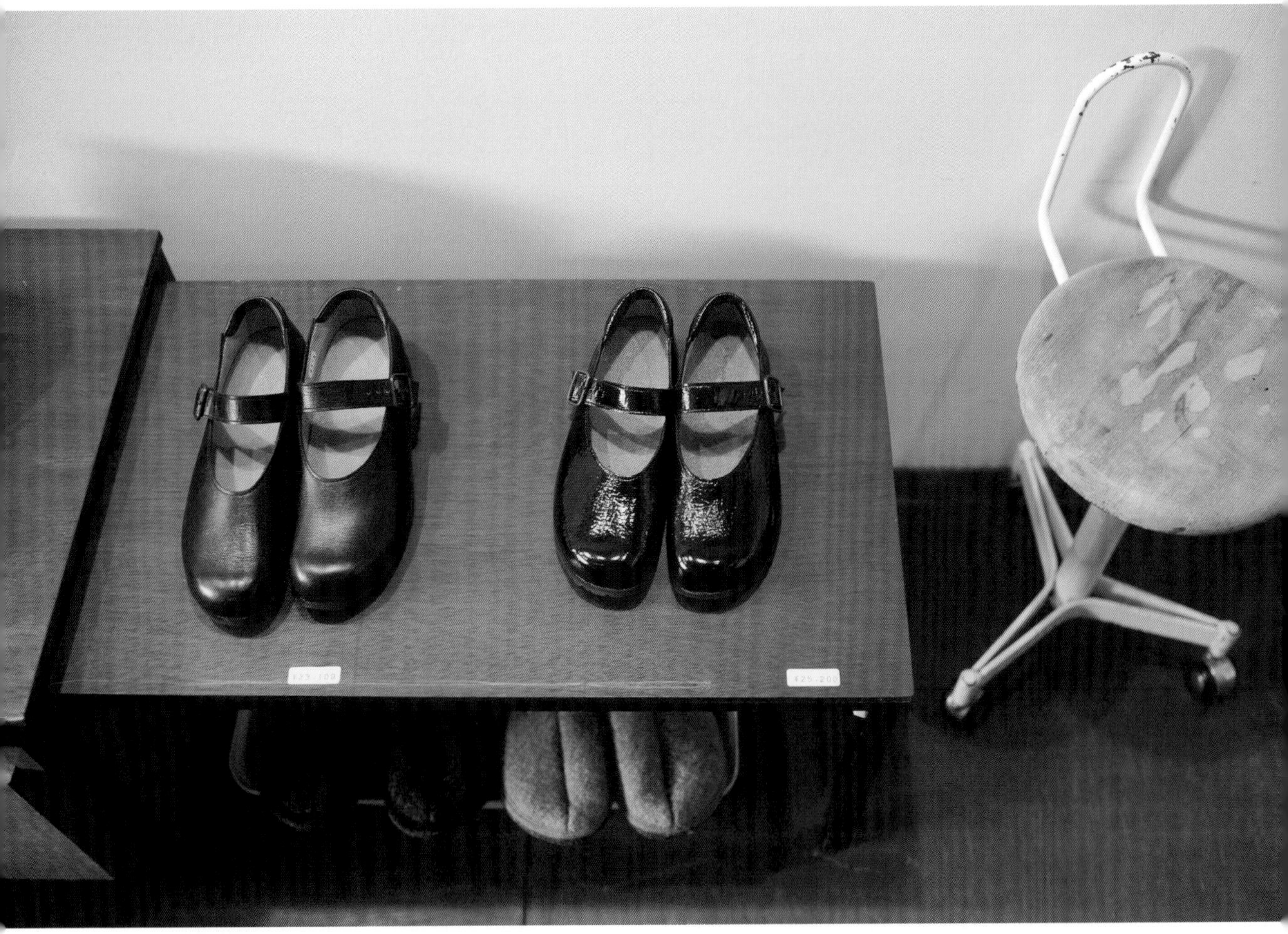
有鞋帶的可愛設計為琺瑯鞋（enamel）和牛皮鞋（kip）2款。

抬頭看看牆壁，可以看到各種形狀的皮包垂吊著。

從樓梯下方往上看，會看到正對店舖的桌上擺著皮包和鞋子，以及古董嬰兒鞋。

春季到夏天最熱愛的涼鞋，尺寸豐富，色調也很大人風格。

這是我（高橋）訂製的鞋子，皮革很柔軟，是一雙溫柔的鞋子。

在大張皮革上對著訂製人尺寸的紙型，正在裁切的民女士。

鞋子工房

aurora shoes修理和特製鞋製作並行的中村隆司。
坐進狹小的空間，看起來十分擁擠，
然而中村隆司覺得「放在腿上作業是最輕鬆的了」。
沉默地使用各種工具開始作業。

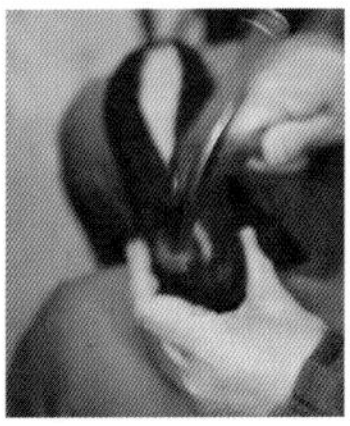

將對著紙型裁切的皮革和木型合上，使用鳥嘴鉗延展皮革製作底部。

內側的皮革也同樣做延展，底的部分用大頭釘固定。

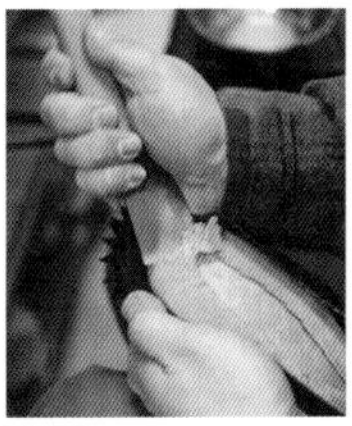

以皮革刀切除多餘的皮革，看起來雖然恐怖，但隆司先生已經習慣。

在底部塗上漿糊後放置一段時間，好像並不會馬上黏上其他東西。

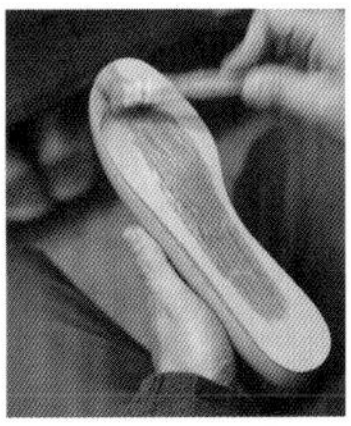

在鞋底也塗上漿糊，並合上剛剛做好的鞋子。

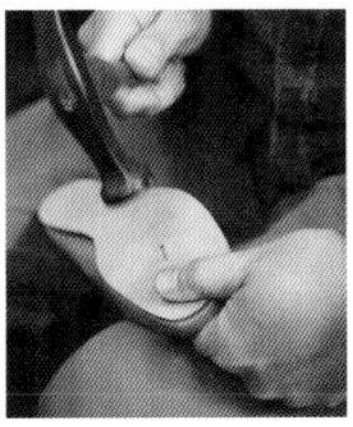

二者貼合後，以鳥嘴鉗的鎚子部分來敲打，牢牢的黏合二邊來完成。

料理家細川亞衣的私房食譜⑱

熊本的日日料理

亞衣的料理簡單
又能將食材本身味道
發揮到極緻的那份暢快感，
總是令人不禁讚嘆。
但是這道菜淡淡的紫色如此美麗，
又是多麼難以想像！

料理．擺盤—細川亞衣
攝影—日置武晴　翻譯—王淑儀

在空氣拂在身上會感到有些涼爽的時節，市場的一角開始出現一堆堆紫紅色，其中又有像是褪了色的巨大茄子。

我第一次在熊本度過的那個夏天，就被這種茄子給附身了，每次在蔬果攤上看到它，就會忍不住向它伸出手。肥肥短短，碩大卻又不意外地輕盈。雖然吃過各種茄子，然而沒想到會再遇上像它這樣一直勾起料理欲望的茄子。

一日復一日地，看著那給人清涼感受的紫色軀體，想著該如何料理它。一切開，水多得令人驚訝，但感覺又跟水茄子不一樣。拿來炸，吸油吸得令人想哭，拿來炒或烤則那美麗的色澤盡失，究竟該拿它怎麼辦才好？

有一天，我試著將它整個拿去蒸，再淋上少許的紅酒醋，讓它與酸味結合，接著就只是放著等待時間來完成。茄子釋出的水分裡完整融合了蔬菜的甜與香氣，絕不是簡單的水而已，只要嚐一口那淡紫色的汁液，一切都會了然於心。

■材料（4人份）

肥後紫茄	4條
紅酒醋	適量
大蒜	1瓣
香草（奧勒岡葉、巴西利、薄荷等）	適量
初榨橄欖油	適量
粗鹽	適量

■作法

整條肥後紫茄放入鍋中，以大火蒸10分鐘左右（途中須翻面）。

放涼後剝皮，撒鹽、淋上紅酒醋。

大蒜切薄片，與香草一起撒在茄子上，淋上初榨橄欖油，包上保鮮膜靜置數小時，等待入味。

將茄子的蒂頭切掉，用手撕成大片，盛裝在湯盤裡。

將醬汁稍作過濾後淋在盤中，撒點鹽即完成。

肥後醃醋茄

桃居・廣瀨一郎 此刻的關注㉒

探訪 渡邊遼的工作室

工作室的庭院裡也放置著他所說的「正在養」的鐵板。

它看起來
就像石頭在河原或海邊，
受到風吹雨打，波浪淘洗之下
所成就的不可思議的觸感，
其實是鐵製的藝術品。
渡邊遼的作品
不見鐵件的冷冽，
孕釀出自然產物所擁有的，
溫潤之感。

文—草苅敦子　攝影—日置武晴　翻譯—王淑儀

被稱為「石頭」 的半成品。要將兩片蛋形的鐵板合在一起，這是焊接前。

院子裡有三台腳踏車，後座的載貨箱是渡邊自己做的。

渡邊遼的作品是摸了之後才發現原來是鐵做的。乍看之下是水邊撿到、已磨去稜角的石子，拿在手上才發現有著金屬的觸感，內裡則是空心的。

「這是將鐵板以木槌敲出皿狀，再將兩枚鐵板焊接起來，裡面留著空間。」

表面以砂紙磨得平滑，完全看不出是從哪裡接起來的。有的作品會以磨砂的方式做出消光質感，有的則是磨到十分光滑，能反射出光澤，最後再上漆及蜜臘。

「鐵件也有各種表情。」廣瀨一郎將渡邊的作品一個一個拿在手中，確認每一件作品的質感。其中有一件作品還發出噹啷噹啷的輕快聲響。「我在裡面放了個小石頭，可以讓人想像一下鐵件所包覆的內面空間。」

渡邊自稱為「金屬狂熱者」，自高中時代開始對於金屬懷有高度的興趣，當時著眼的是車子、機車、腳踏車等，乍看之下非常男孩子氣的東西，然而吸引他的不是車輛，而是構成車輛本身素材的質感、光澤。

他可說是一頭栽進去。在美術大學研修舞台等表演空間設計後，因無法忘懷對金屬的熱愛，於是跑到小工廠去上班，在那個製作機車零組件的小工廠學習切割、焊

渡邊在自家的一角，原本是車庫的工作室前，與廣瀨一郎談論創作。穿過樹葉撒落而下的日光很溫暖，這是在舒適安穩的一個春日。

每一件作品都有不同的表情。在庭院裡還有正在曬乾的作品。左邊的照片中看起來是兩塊白色石頭，但前方是鐵製作品，後面那個才是真正的石頭。

接等技術，並開始利用下班時間創作。

獨立後，帶著個展的DM與作品拜訪桃居，廣瀨一郎以及剛好也在桃居的漆作家赤木明登一眼就看上了渡邊的作品，去年在櫪木，就舉辦了赤木與渡邊的雙人展。

「渡邊的作品雖然沒有器皿的實用性，但在某種程度上還是工藝品。他以純粹的觀點去觀察、去接近鐵這樣素材，開發出它所擁有的力量及可能性。他的作品介於工藝與藝術之間，這點也很吸引我。」廣瀨一郎說。

雖然不具有機能性，卻是讓人想悄悄放在身旁，一同生活的作品。

工作室裡，擠滿了機具、工具與作品素材用的鐵板等，簡直就像是個小工廠。鐵門外是閑靜的住宅區。

從窗子照進來的陽光遇到金屬後反射，閃閃發光。為一般給人冷冽印象的金屬帶來些許的溫暖。

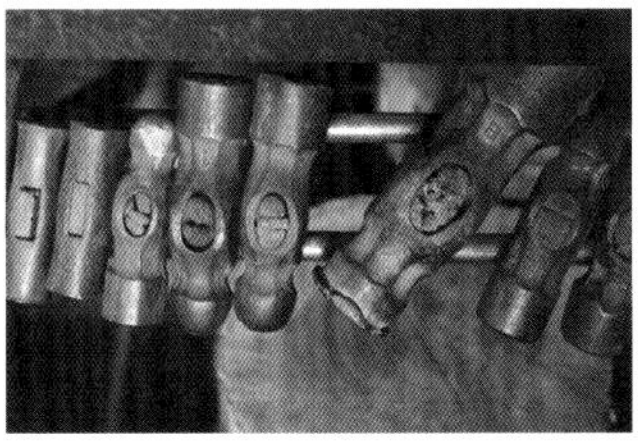

作業台下一排鐵槌、木槌，各有15種。

有時也會接到家具、舞台裝置的訂單。作業台上貼著的應是作品草稿吧。

十分具有存在感的大型機具。稱作帶鋸機，用來切斷板金的工具機。

將鐵板放在這碗狀的木臼上槌打出形狀。

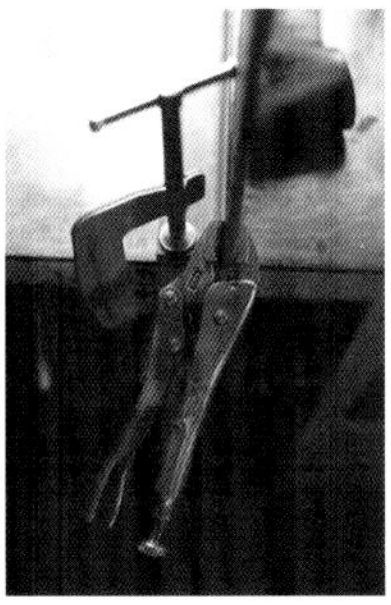

為了不讓鐵屑亂飛，他會在工作桌旁加上一面牆之類，自己視情況加工。

工作室位於埼玉市某住宅區的一角。這是渡邊與雙親同住的自家車庫，2006年成為他的工作室。

工作室的名稱叫「自言工作室」。渡邊笑說「因為我都是一個人自言自語。」他的個性確實是偏靜的，但談到作品或是創作，言談中卻有種無法動搖的堅定。二手買來的旋臂鉆床、氬焊機等大型機具，再加上約有30種不同的木槌、鐵槌、工具類等等，都擠在這個工作室裡。

這裡原本是車庫，只有幾個小小的燈照著。我們為了要拍攝作業中的情況而將窗戶打開，光從外頭照進來，於是看見隨著槌子敲打而飛揚的金屬粉末飄浮在空中。

「我幾乎沒有開窗作業，還挺新鮮的。」不論是敲打金屬板、以機具鑿洞還是切削，作業中一同會產生聲音。我們問，是否得顧慮到周圍是住家而將窗戶全都關得緊緊的，且也要慎重挑選作業的時間？

「我都是聽到隔壁鄰居打開吸塵器的聲音，跟著他一起開始工作。」

專心致志地繼續敲打鐵片成球面狀的作業，感覺一天做下來，手腕、耳朵都會很痛，但渡邊卻一派輕鬆樣。

以利剪剪鐵片，剪出來的鐵絲像是有了生命般扭動。

「我特別喜歡剪鐵的作業，感覺很像是在摺紙。」渡邊開心地說著，同時也讓人感覺到他真的沉迷在鐵這項素材中。

庭院的地上鋪著生了紅鏽的鐵板，說是「正在澆水灌溉中」。

「這麼說來，我想到先前曾買過渡邊做的花瓶，也是養得很好呢。」連廣瀨一郎都說渡邊的作品是「養出來」的。

鐵給人的印象是人工的無機質，然而在渡邊的巧手之下，成了在小巷裡、大路邊靜靜佇立於原地的樹之枝幹、石頭般的自然產物。

「我想是出了工作室時眼睛所及的小樹枝或石頭帶給我的能量吧。」

鐵也是會隨著時間變化的素材。將這些作品拿在手上，就能感受到創作者的能量以及生命力。

剪金屬用的專業剪刀沿著模型削剪鐵板的同時，所產出的鐵屑會自動捲成螺旋狀。顯現堅硬的金屬也有柔軟的一面。

將鐵屑集中收在大碗裡，似乎還在思考能拿來怎麼用。

渡邊 遼
Ryo Watanabe

1978年生於埼玉縣北浦和市。2001年畢業於武藏野美術大學表演空間設計學系。為了學習焊接技術而進入製造機車零組件的地方工廠。2004年於MAKII MASARU FINE ARTS舉行首次個展。2006年獨立，於埼玉市設立工作室，邊接單製作家具、舞台裝置，一邊創作。

聽得到素材的氣息與故事有生命的鐵件

文—廣瀨一郎　翻譯—王淑儀

金屬不像土、木、布等會溫暖包覆著人的素材，總是帶給人無法忽略的冷冽感。然而金屬也是大自然的一部分，大自然有時溫順，有時冷峻。渡邊發現並迷上了鐵這項素材，耐心地與其相處，挖掘出這冷峻的素材深處所潛藏的，迷人的氣質。鐵是一種活著的素材。

右■長120×寬75×高65mm
左■長165×寬70×高80mm

渡邊在少年時總愛在山中行走的途中撿拾果實、石塊來仔細觀察，樂此不疲。大自然這位設計師是這名少年崇拜的對象。在偶然與必然的多重層層疊疊下所完成的這個造形是他作品的基本形態。就像果實、石塊各自有自己的故事般，他的石頭也有故事可以聽。

■長60～80×寬45～60×高（厚）6～10mm

桃居
東京都港區西麻布2-25-13
☎+81-3-3797-4494
週日、週一、例假日公休
http://www.toukyo.com/
廣瀨一郎以個人審美觀選出當代創作者的作品，寬敞的店內空間讓展示品更顯出眾。

用台灣食材做美味料理❷

小野主廚的夏日家庭料理

冰鎮涮豬肉 佐柚子胡椒與蛋黃蘿蔔泥

小野竜哉主廚18歲時進入料理世界，22歲時在東京中目黑和食名店DEPOT工作，改變他對料理的想法並決心重新學習，26歲就當上DEPOT和食料理長。喜歡旅遊的小野，來台灣旅行時因喜歡台灣人的熱情和美味食物，最後選擇定居這裡，實現開設「赤綠Taiwanippon」餐廳的夢想。他曾走訪法國、義大利等地，累積了扎實的料理技巧，這也讓他的料理，在正統的日式風格之外，偶爾會偷偷流露出靈活又新奇的創意。炎炎夏日沒胃口嗎？小野主廚這兩道在家簡單就能做的料理，一定會讓全家食慾大開喔！

■材料（2人份）

- 豬肉火鍋薄片——400克
- 蘿蔔——⅓根
- 柚子胡椒——5克
- 蛋黃——1顆
- 秋葵——3條
- 酸桔醋——適量

■做法

① 將蘿蔔泥分成兩份，一份拌入柚子胡椒，一份拌入蛋黃，做成兩種口味的蘿蔔泥備用。
② 滾水汆燙秋葵20秒，起鍋立刻放入冰水冰鎮。降溫後擦乾水分切細絲備用。
③ 滾水汆燙豬肉片，起鍋後放入冰水中冰鎮。
④ 盤中放入步驟②的秋葵和步驟③的豬肉，淋上酸桔醋。
⑤ 最後放上步驟①的蘿蔔泥即完成。

■材料（2人份）

秋葵——2根
山藥——2片
南瓜——2片
牛蒡——⅓根
苦瓜——2片
玉米筍——2根
片栗粉（太白粉）——30克
柴魚高湯——180毫升
濃口醬油——30毫升
味醂——30毫升
薑汁——少許

■做法

①鍋內倒入柴魚高湯及食譜上的調味料，煮沸後倒入鋼盆置於冰水中冷卻。
②蔬菜切成方便食用的一口大小。
③水分較多的蔬菜裹上片栗粉（太白粉）油炸，其他蔬菜直接油炸即可。
④炸好的蔬菜起鍋放入醬汁中，待冷卻後即可盛盤。

食譜提供—小器生活料理教室／小野竜哉　攝影—Amy Yang

公文美和的攝影日記⑯

美味日日

春天即將來臨

咖啡時光

疲累的時候……

馬鈴薯沙拉

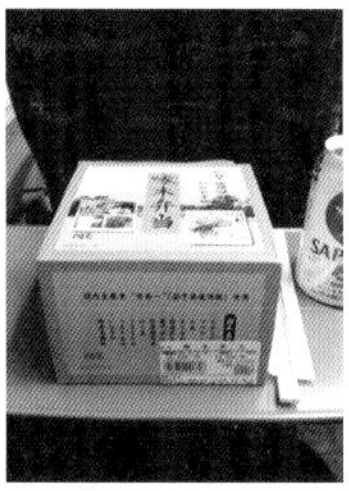
東北新幹線

紅酒果凍

首先來碗盛岡冷麵

拍攝的午餐

令人開心的慰勞品

令人垂涎欲滴的三種麻糬

盛岡的陽光

空氣很新鮮的店

最高級的味道

用喬治亞共和國料理慶功

炸豬排

盛岡的咖啡

用好喝的水沖出來的咖啡

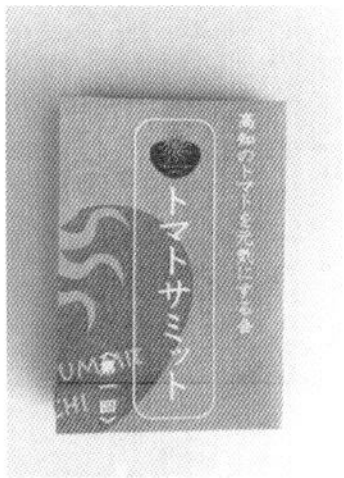

番茄色的包裝

攝影前的一杯

讓人無法不愛的燉煮類

麵包的午餐

北飯店大廳

植物圍籬

越南咖啡

東京馬拉松

拍攝的午餐

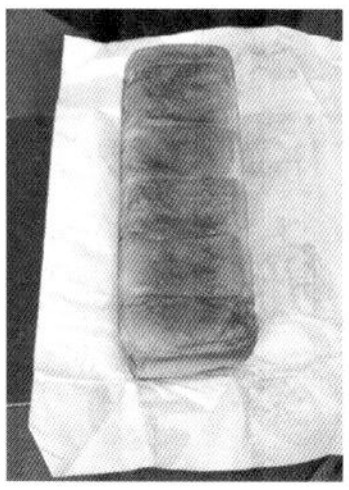
橫澤麵包，出爐了

新綠的表參道

西鄉山公園

湯的套餐

造型師的隨身物品

雲很低

地面上的花

石卷的竹葉魚板

在彩虹大橋的正中央

麵包當午餐

芝公園的櫻花

滿出來的飛魚三明治

拌了冬菜的飯

大份量的午餐

含酒精咖啡

只能吃的教室①

最喜歡的小夏
（土佐柑橘）

配置得非常均衡

排著美麗的線的牆壁

桌上也有花

只能吃的教室②

松本的法國料理

牆上的花①

進化的銅鑼燒

農夫市集

只能吃的教室③

非常滿足的甜點

牆上的花②

點心大拜拜

得到腳踏車

只能吃的教室④

日日歡喜 ⓲

日日夥伴的
台灣伴手禮

有時候出國或是要送禮給朋友時，
你會選什麼伴手禮來表示自己的心意呢？
台灣好東西非常多，
這期讓日日夥伴們
來分享他們最常用來傳達心意的
台灣伴手禮吧！

攝影—Evan Lin

王淑儀（譯者）

沁園茶梅

沁園堅守台灣茶的好品質，以頂級凍頂烏龍茶漬的茶梅清香，滋味不過酸傷胃、不過甜膩人，絕佳的平衡感，豐厚的果肉，我很喜歡拿它來當飯後甜點，吃起來很舒服，作為送外國朋友的台灣伴手禮也很受歡迎。有位日本書評家我每次拜會必定奉上這茶梅，因為老人家一看到它立即伸手、眉開眼笑說好喜歡的模樣，令送禮的人由衷地感到欣慰。

沁園茶莊
台北市大安區永康街10-1號1樓　☎02-2321-8975

傅天余（導演）

微熱山丘鳳梨酥
日子咖啡

沒創意的我，這幾年送給朋友的伴手禮經常是固定組合——住家附近的名店「微熱山丘」的台灣土鳳梨酥，加上一盒自家咖啡店的掛耳包咖啡（有時甚至是我親手製作的呢）。比起年節應酬那些正式的送禮往來，伴手禮，因為其隨意與無目的性，我希望的是能與朋友分享自己喜愛的在地生活氣息。吃一塊台灣的代表性甜點鳳梨酥，配上一杯我每天必喝的咖啡，就會是一小段美好的午茶時光，這是我衷心希望透過伴手禮送給朋友的。

微熱山丘
http://www.sunnyhills.com.tw/

日子咖啡
台北市大同區赤峰街17巷8號　☎02-2559-6669

34號（專欄作者）

當初／如今　荔枝蜂蜜酒

雖然我還無機會以此當作來自台灣的伴手禮送給國外朋友，但第一次喝到朋友相贈的這組荔枝蜂蜜酒時，心裡就想，這絕對可以代表台灣特色，且讓外國朋友們喜歡。台灣是水果王國，荔枝、芒果、鳳梨……等尤具特色，霧峰農會以台灣本地蜂蜜、荔枝及南投埔里的優質好水低溫發酵，獲得2014年布魯塞爾世界烈酒競賽利口酒項目的金牌獎。雖沒有機會嚐到台灣新鮮荔枝，但卻能藉由此酒一品荔枝的芬芳。

掌生穀粒
https://www.greeninhand.com/product.php?CateID=3&ProductID=143

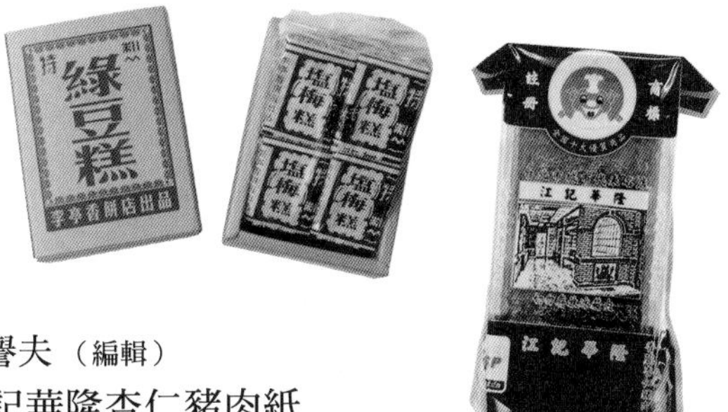

賴譽夫（編輯）

江記華隆杏仁豬肉紙
李亭香糕餅

選擇伴手禮常令人傷透腦筋，有時為了替對方多想，而陷入送這個好還是送那個好的兩難。
最近比較常送國外朋友的是阿原肥皂的禮盒，主要是吃食得考慮能否出入國境。且夏季暑熱，草本的淨護用品可解熱毒，又有本土特色。
若不考慮出入國境，江記華隆的杏仁肉紙總是伴手禮清單的前幾名。一方面，這類肉製品令人聯想到節慶，帶有喜氣；另一方面，自己真覺得美味又續嘴，送給不同背景的朋友彷似都適合。我以為肉紙好吃的關鍵在脆口不燥不焦，比較過各家的肉紙，江記華隆的當屬眾家中厚度最薄，因而最脆口；醃製的調味適中，烘培火力控制恰好，也未曾買過失手之作。
此外，江記華隆隔壁的李亭香餅舖有許多美味的甜食糕餅，前去買肉紙常會順道搭配，亦是不錯的選擇。

江記華隆
台北市大同區迪化街1段311號　☎02-2552-8327

李亭香糕餅
台北市大同區迪化街1段309號　☎02-2557-8716

江明玉（小器店主）

小器玻璃杯

雖然可能難脫老王賣瓜之嫌，但我還是不得不私心推薦一下自己喜歡的伴手禮是小器的水果杯系列。這系列是由小器邀請插畫家Vita Yang繪製台灣具有代表性的12種水果，分成整顆與半顆，共25種圖案所組合，印製在台灣常見的小尺寸玻璃杯上。Vita Yang是在GEISAI TAIWAN當中獲得NIGO獎的插畫家，也為NIGO個人的品牌繪製許多插畫。水果杯系列因為非常能夠突顯台灣水果王國的特色，所以深受包括日本在內的海外遊客歡迎，適中的價位加上多款圖案的選擇，讓許多台灣朋友也都愛不釋手，買好幾個在家裡都不會撞杯，非常方便。

小器生活道具
公園店：台北市大同區赤峰街29號　☎02-2552-7039

林明月（合作社總編輯）

喜年來蛋捲

因為經常與日本出版社往來，偶而會去日本拜訪他們。以前去拜訪帶的伴手禮不是茶葉就是鳳梨酥，我想不只我覺得膩了，收禮者應該也膩了吧？上次我改帶喜年來蛋捲去，因為好吃又不貴，日本雖然甜點很多，但我想應該沒有這種蛋捲，這也是台灣人從小到大熟知的禮品之一。鐵盒裝也不會因為搬運過程弄的破碎。當然我想收禮者吃到台灣特有自製的蛋捲應該是非常開心吧！

喜年來蛋捲
http://www.serenafoods.com.tw

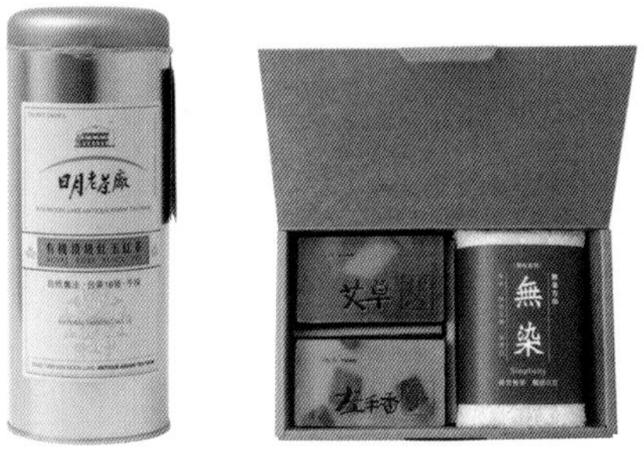

王筱玲（編輯）

日月老茶廠有機頂級紅玉紅茶
阿原肥皂

對我來說，送禮代表自己的心意，一定是選擇自己品嚐過、自己愛用的好東西。雖然茶葉似乎是台灣伴手禮的首選，尤其是聞名世界的烏龍茶，但有次自己買南投日月老茶廠的紅玉紅茶來喝之後，大為驚豔，原來台灣也有這麼好喝的紅茶！拿這個紅茶送禮絕對不比送烏龍茶遜色。使用台茶18號的紅玉紅茶，葉片是完整的條索型，清香甘甜又不會澀口，加上是自然農法種植的有機紅玉紅茶，於是這款茶葉就成了我送給朋友的首選。
不過如果是常見面，估量可能上次送的茶還沒有喝完的話，有時候也會改送阿原肥皂，而且一定是選擇台灣特有的藥草植物做的肥皂，例如左手香、艾草等。我想在這些來自有機、自然的禮物裡所包含的心意，收禮者一定也能感受得到。

日月老茶廠頂級紅玉紅茶
http://www.assamfarm.com.tw/products.htm#order

阿原肥皂
http://www.taiwansoap.com.tw/index.php

跟著美食作家海倫逛有機市集

颱風過後的週六午後，
原本打算取消的水花園有機農夫市集，
在不那麼熱的午後，依舊在老地方出現了。
《日々》來拜訪透過在小器生活料理教室
認識的美食作家海倫，
也請她帶我們逛逛這個有趣的小市集。

文—Frances　攝影—吳佳容

看出來了嗎？市集裡藍色帳篷是販售有機農作物的攤位，而綠色帳篷則是使用友善種植的農產品所製作的商品，例如海倫的麵包攤，或是賣黑糖、蜂蜜和果醬的攤位等。

每個週六下午在台北市公館的自來水文化教育園區，有一群愛好土地，以友善的方式對待自然農耕的農夫們，在這裡擺攤。

小小的市集裡，有經過有機認證的農產品，也有以有機農產品製作的商品。來到這裡，不僅可以買到安心、自然的在地好物，也可以與生產者小農們直接面對面。

帶我們來到這裡的海倫（施穎瑩），是一位美食作家也是評論家，當然自己也動手做食物，因緣際會，她來到這裡擺攤賣麵包，她說：「一個星期工作五天，唯一的兩天休假，我選擇了擺市集，幾乎沒有休息的時間，站著一整天揉麵團，日出烤到日落，感覺雙腳不是自己的，每周都覺得快撐不下去的時候，一旦看到當季食材，雙眼發亮、全身又充滿力氣。」

看到她熟稔地介紹這一攤的蔬菜很特別、那一攤的雞蛋超棒，在這裡擺攤也來這裏交朋友。「啊，不過你們來得太晚，有一攤賣蔬菜的已經收攤了。他們的蔬菜很棒，每次都是這裏最快收攤的，因為一下子就賣光了。」

海倫的手工土司可以現場切片。

顏色美得令人驚豔的甜椒，因為是有機種植，形狀與外面賣的不太一樣。賣菜的阿姨說：「蟲子很討厭，每一粒都要嚐一口，所以很多都被啃了一個洞。」

阿里山的香蕉與美人蕉，阿里山香蕉氣味濃厚，口感帶有芭蕉的Q彈。

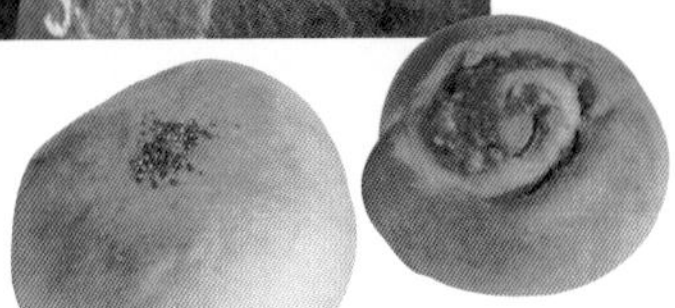

「因為我喜歡在市集認識不同的小農，像農友帶來苗栗造橋的有機南瓜，腦筋又開始轉動，要怎麼運用這兩顆東昇南瓜和栗子南瓜。之前做的南洋咖央醬，卻因為用了雞蛋讓吃素朋友無法嚐鮮，於是利用南瓜泥濃稠度取代蛋黃，更增添瓜果香甜。接下來，再把它和到麵糰裡面，同樣替代雞蛋，做出金黃色辮子麵包，還有南瓜核桃土司。最受大家歡迎的是，我運用了各攤的有機蘆筍、櫛瓜、茄子、玉米筍、南瓜、佛手瓜、雞蛋等，所做出來的法式蔬菜鹹派，大家歡喜是讓我感到最開心的事。」海倫說。

逛完了小小的市集，我們在她的麵包攤前聊天。下午三點多，麵包已經所剩無幾。海倫透過這些農人朋友，發現許多有趣的食材，讓她來嘗試新的食材做麵包、做果醬，從食材本身發現到新的可能性，是她最開心的時候。

「當我有機會認識到電影《企鵝夫妻》裏的邊銀食堂夫妻，邊銀小姐吃到我做的紫蘇土司後，告訴我她很喜歡這種像歐洲麵包的咬勁，還指點我可以把小米一半磨粉、一半原粒加到土司裡，這樣不但可以增加香氣、營養，還會讓麵團更有彈性。馬上動手試做，不白的小米土司誕生，慢慢咬有著淡淡的米香，很感謝邊銀小姐讓我有了新視野，適量地添加一些五穀雜糧，讓土司長出不一樣的滋味！」

「我也會把這新口味與市集上的農友分享。剛好有來自花蓮阿美族的小農，當他們聽到自己種的小米，可以做成麵包時，也顯得很驚訝，因為在他們族裡，從來沒有這樣運用過小米。而為了搭香噴噴的米麵包，我又用市集的有機香蕉，配有機椰粉，成為一款蕉椰醬。」也許對於種植者來說，購買者與食用者的回饋，是他們面對上天與土地給予的挑戰時，最大的鼓勵吧！

海倫說：「人生有許多興味想探究，我喜歡嘗試新的食材，很謝謝水花園有機市集各個農友的分享，給了我新撞擊！」

在這個市集裡，很開心遇見這些默默為土地付出、使我們生活更美好的人，也讓人很期待，下週會有什麼當令的蔬果呢？

海倫用台灣夏日最甜美的果實所做的果醬
有了這個食譜，
也可以自己動手做做看。

鳳梨芒果果醬

■材料（4人份）
鳳梨——1顆
芒果——1顆
百香果——2顆
糖——3大匙

■做法
①鳳梨削皮，切下鳳梨心備用。
②把⅔的鳳梨切塊後，放入調理機打碎，不要太碎，保留一點顆粒狀。
③剩下的⅓鳳梨切小塊。
④芒果切小塊、百香果取籽和汁液備用。
⑤把所有水果倒入鍋中煮，鳳梨心也切小段一起熬煮。一開始煮時鳳梨會出水，要煮到水收汁。
⑥煮好關火，把切碎的薄荷葉放入拌勻，鳳梨心撈起，當做蜜餞享用。
⑦果醬瓶置烤箱以攝氏100度烤熱消毒，趁熱把煮好的果醬裝入，倒扣放涼。

筷架

趣談日日用之器❷

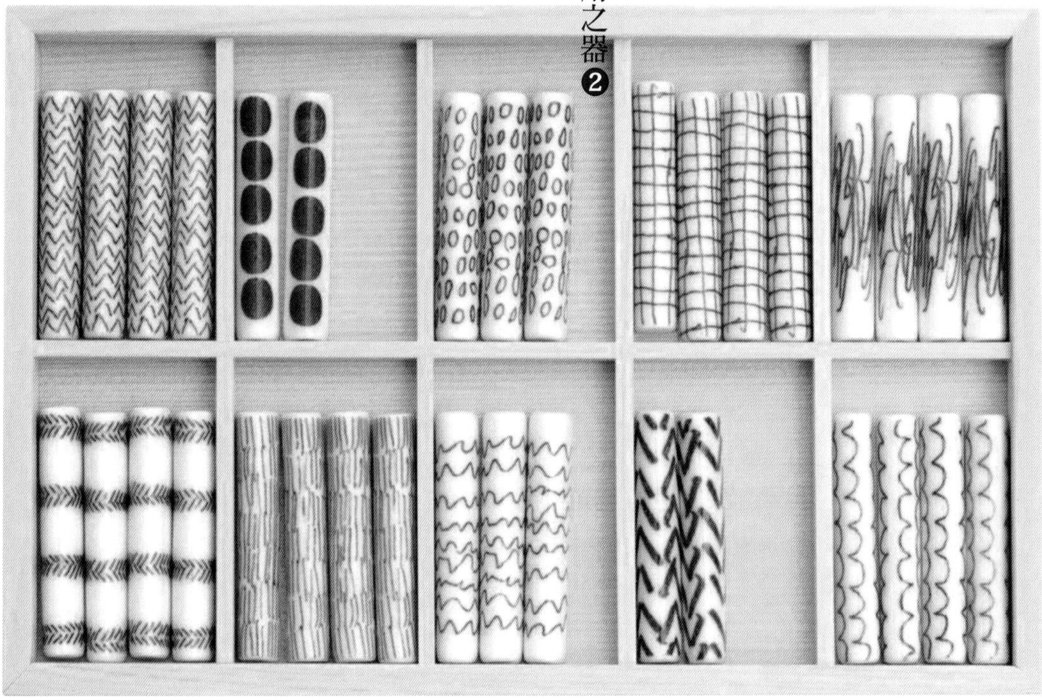

東屋　印判筷架

東屋與藝術家立花文穗合作的「印判筷架」，使用吳須塗料以活版印刷方式呈現，取材至傳統衣飾花紋或自然素材圖案，將日本古早以前的風味低調蘊藏在現代生活道具中。

以米飯為主食的國家裡，包括日本、台灣、韓國等都是使用筷子，不過似乎只有在日本才有使用筷架的歷史。

據說因為筷子在彌生時代後期或是飛鳥時代，是供奉神明的東西，如果用手拿實在太不敬，所以就放上筷子，因此筷子成為神器，也不直接放在桌上，而是放在一個台子上，後來演變成今日所見的筷架。

筷架的使用當然與筷子的用法有關，日本用餐時擺放筷子的方式是筷尖向左橫擺在面前，而我們是把筷子放在自己的手邊，筷尖向著對面，吃完飯才把筷子橫放在碗盤上，表示用餐完畢。

近年來，因為「筷架」與「快嫁」的諧音，很多新人都會選擇筷子與筷架組合來當作婚禮小物送給賓客。其實在日本，筷架的圖案大都取材自傳統花紋或是仿自然圖樣，甚至有的圖案包含了特殊的意義，例如：繩結圖案的「縁結び」象徵結緣；宛如海浪圖樣的「青海坡」則是源自雅樂的舞曲名，有吉祥之意；一粒粒豆子圖樣的「豆絞り」，則是象徵子孫繁盛等。

另外也有直接使用動物形狀做成的筷架，不管是哪一種，這些別緻的設計無疑讓吃飯這件每天都會做的事情，變得更加豐富有趣。

34號的生活隨筆⓮

幾樣用了很久的廚房小道具

圖・文—34號

最近熱衷做戚風蛋糕，大熱天用烤箱真是不智，但興頭起了，再熱也好甘願，某天在做這一個月來不知第幾個戚風，拿著手持攪拌器打發蛋白，眼睛盯著攪拌器半放空，突然意識到手上這支手持攪拌器竟然用了將近二十年，當年是個省錢留學生的我，選這支約莫只因是店裡最便宜的吧（美金9.99，沒記錯的話），從沒仔細端詳過陪伴我這麼久的烘焙老夥伴，那天才發現白白淨淨挺復古可愛的，突然一陣感動（哈），做好蛋糕，趕緊替它從頭到腳加倍用力擦拭一回，也於是乎讓我想找出其他廚房老戰友們。

一拉開流理台抽屜，就看到木柄已斑駁的切蔥絲小工具，這是結婚第二年冬天在大阪千日前道具街挖到的寶，當時首要目標其實是旁邊藍色這位去蒜皮先生，國外料理節目大廚在流理台上搓一搓就撥好大蒜皮，我也好想要有一個啊，鑽進道具街裡一心就這麼想，幸運找到去蒜皮工具的同時，也替熱愛蔥絲的自己找到新的工具，從此我的清蒸魚以及任何一道料理，可以鋪上切得又細又長，泡了冰水捲得美美的蔥絲。十年，木柄上有了歲月的痕跡，前端鋸齒有些歪斜，但切出來的蔥絲依然不馬虎。

Pyrex量杯應該是我廚房裡最努力工作的，不論是烘焙、平常料理，幾乎天天用到，好的材質、經典的設計應該就是這麼一回事，二十年過去，不變的外形設計依舊是長青銷售項目；適當的大小重量、清楚的刻度、握住手把，拇指剛好可放在上端的一個小小弧度上，耐熱厚實的玻璃用起來十分安心。

不是刻意收集，但擁有好幾支不同材質設計的檸檬榨汁器的我，還是對這白瓷木把的最情有獨鍾，當年在巴黎街角的餐廚小店買的，因為前端是白瓷所以相較於另一支全木質、而前端已經磨損的耐用許多，異素材結合一向最容易打動我，前些日子讀到三谷龍二先生也有一支相同樣式的，更在心裡偷偷得意了一下。

平時煮飯料理隨性的我其實是不會用到量匙的，不過做烘焙時就不能不精確度量了，這量匙組也是學生時代用到現在，沒有任何趣味花俏的設計，實實在在的不銹鋼量匙，也正是我對廚房工具的要求；好用、耐用、不花俏的顏色設計、安全無毒的材質，寫到這裡，覺得找到陪伴一生的好工具，一起合作出數不清的料理，也許也是我熱愛廚事的原因之一。

POP-UP 手紙舎 in 台北

POP-UP TEGAMISHA in TAIPEI

東京から台湾へ
「GOOD PRINT」
「GOOD CRAFT」
「GOOD FOOD」
をお届け

2015.6.20 sat ～ 8.30 sun

展場：小器藝廊 +g

台北市大同區赤峰街 17 巷 4 號　tel.(02)2559-9260　https://www.facebook.com/xiaoqiplusg

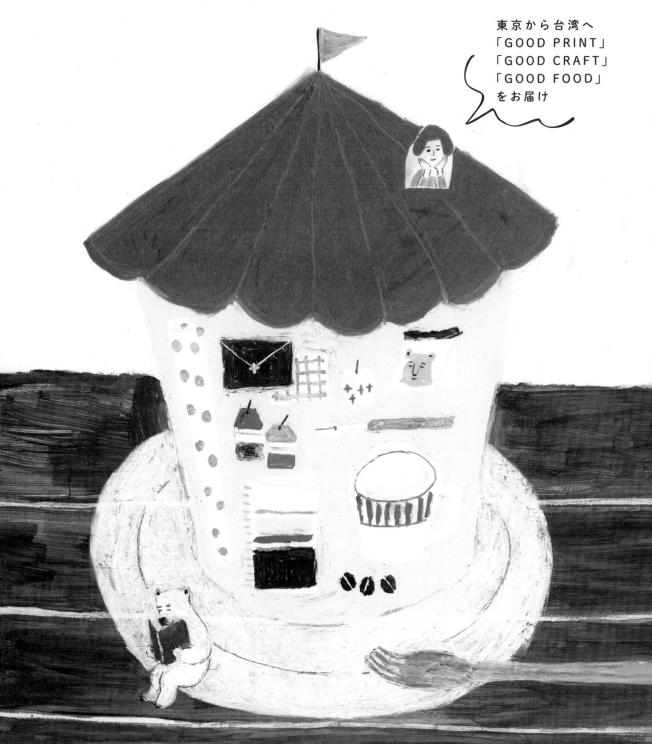

日々・日文版 no.24

編輯・發行人——高橋良枝
設計——渡部浩美
發行所——株式會社 Atelier Vie
http：//www.iihibi.com/
E-mail：info@iihibi.com
發行日——no.24：2011年7月1日
插畫——田所真理子

日文版後記

對於24期的發行日，比原本預定的6月1日晚了一個月，在此向大家致歉。因為前所未有的大震災所造成的影響，使得東京的交通也不如預期的順暢，讓採訪行程大亂，另外也傳出紙張不足的消息，只好死心讓發行日延後。

1cm可以做的事雖然不多，但如果是10cm，可以做到的事，應該就不一樣了吧？這個想法觸發了這期的特集企劃。在三谷龍二的畫廊「10cm」開幕日發生的大震災，讓人有命運般的感覺。

在此由衷感謝在我們的請託下，用木材、布料、紙張、金屬這些素材，做出10cm作品的諸位創作者。即使是10cm也能有這麼豐富美好的呈現，果真非常符合《日々》的風格。

不敢有太多的奢望，儘管很渺小但卻生活得心靈富足。這個想法在這幾周來越發強烈了。（高橋）

日日・中文版 no.19

主編——王筱玲
大藝出版主編——賴譽夫
設計・排版——黃淑華
發行人——江明玉
發行所——大鴻藝術股份有限公司｜大藝出版事業部
台北市103大同區鄭州路87號11樓之2
電話：（02）2559-0510　傳真：（02）2559-0508
E-mail：service@abigart.com
總經銷：高寶書版集團
台北市114內湖區洲子街88號3F
電話：（02）2799-2788　傳真：（02）2799-0909
印刷：韋懋實業有限公司

發行日——2015年8月初版一刷
ISBN 978-986-91115-8-4

日日 / 日日編輯部編著. -- 初版. -- 臺北市 ：
大鴻藝術, 2015.08　48面；19×26公分
ISBN 978-986-91115-8-4（第19冊：平裝）
1.商品 2.臺灣 3.日本
496.1　　104005077

中文版後記

日子一天天過去，2011年3月11日所發生的災害，雖然想起來時歷歷在目，但似乎已經是很久以前的事了。不過至今我們仍應該時時惦記著面對自然災害，人類的渺小，以及核災的可怕。八月正好打算去一趟日本東北，夏天正是日本祭典的季節，或許有些期待透過那樣熱鬧的活動，可以看見受過災害的人們重新站起來的笑容。

這一期的自製內容，算是小小地呼應了日文原本的企劃，趁著颱風過後的週六下午去水花園有機市集走了一趟，那裡都是衷心愛著這塊土地的人，用自己個人微小的力量，去做自己覺得對地球對人類有益的事。另外，從日日夥伴們分享的台灣伴手禮，看到很棒的台灣原創商品，沒有送禮需求也都想要自己買回來用用看、吃吃看了呢！（王筱玲）

大藝出版Facebook粉絲頁http：//www.facebook.com/abigartpress
日日Facebook粉絲頁 https：//www.facebook.com/hibi2012